国家出版基金项目
NATIONAL PUBLICATION FOUNDATION

英国国家附件

Eurocode 2：
混凝土结构设计

第1-2部分：一般规定——结构防火设计

NA to BS EN 1992-1-2:2004

[英] 英国标准化协会（BSI）

欧洲结构设计标准译审委员会 **组织翻译**

曾文博 **译**

吴筱文 **一审**

张春华 **二审**

人民交通出版社股份有限公司

北 京

图书在版编目(CIP)数据

英国国家附件 Eurocode 2:混凝土结构设计. 第1-2部分:一般规定——结构防火设计 NA to BS EN 1992-1-2:2004 / 英国标准化协会(BSI)组织编写;曾文博译. — 北京:人民交通出版社股份有限公司, 2019.11

ISBN 978-7-114-15889-6

Ⅰ. ①英… Ⅱ. ①英… ②曾… Ⅲ. ①混凝土结构—结构设计—建筑规范—英国②混凝土结构—结构设计—防火—建筑规范—英国 Ⅳ. ①TU370.4②TU352.5

中国版本图书馆 CIP 数据核字(2019)第232030号

著作权合同登记号:图字01-2019-6670

Yingguo Guojia Fujian Eurocode 2:Hunningtu Jiegou Sheji Di 1-2 Bufen:Yiban Guiding——Jiegou Fanghuo Sheji

书　　名:英国国家附件　Eurocode 2:混凝土结构设计　第1-2部分:一般规定——结构防火设计 NA to BS EN 1992-1-2:2004
著 作 者:英国标准化协会(BSI)
译　　者:曾文博
责任编辑:李　晴　钱　堃　李学会
责任校对:刘　芹
责任印制:刘高彤
出版发行:人民交通出版社股份有限公司
地　　址:(100011)北京市朝阳区安定门外外馆斜街3号
网　　址:http://www.ccpress.com.cn
销售电话:(010)59757973
总 经 销:人民交通出版社股份有限公司发行部
经　　销:各地新华书店
印　　刷:三河市国新印装有限公司
开　　本:880×1230　1/16
印　　张:1
字　　数:19千
版　　次:2019年11月　第1版
印　　次:2019年11月　第1次印刷
书　　号:ISBN 978-7-114-15889-6
定　　价:20.00元
(有印刷、装订质量问题的图书,由本公司负责调换)

出 版 说 明

包括本标准在内的欧洲结构设计标准(Eurocodes)及其英国附件、法国附件和配套设计指南的中文版,是2018年国家出版基金项目"欧洲结构设计标准翻译与比较研究出版工程(一期)"的成果。

在对欧洲结构设计标准及其相关文本组织翻译出版过程中,考虑到标准的特殊性、用户基础和应用程度,我们在力求翻译准确性的基础上,还遵循了一致性和有限性原则。在此,特就有关事项作如下说明:

1. 本标准中文版根据英国标准化协会(BSI)提供的英文版进行翻译,仅供参考之用,如有异议,请以原版为准。

2. 中文版的排版规则原则上遵照外文原版。

3. Eurocode(s)是个组合再造词。本标准及相关标准范围内,Eurocodes特指一系列共10部欧洲标准(EN 1990 ~ EN 1999),旨在为房屋建筑和构筑物及建筑产品的设计提供通用方法;Eurocode与某一数字连用时,特指EN 1990 ~ EN 1999中的某一部,例如,Eurocode 8指EN 1998结构抗震设计。经专家组研究,确定Eurocode(s)宜翻译为"欧洲结构设计标准",但为了表意明确并兼顾专业技术人员用语习惯,在正文翻译中保留Eurocode(s)不译。

4. 书中所有的插图、表格、公式的编排以及与正文的对应关系等与外文原版保持一致。

5. 书中所有的条款序号、括号、函数符号、单位等用法,如无明显错误,与外文原版保持一致。

6. 在不影响阅读的情况下书中涉及的插图均使用英文原版插图,仅对图中文字进行必要的翻译和处理;对部分影响使用的英文原版插图进行重绘。

7. 书中涉及的人名、地名、组织机构名称以及参考文献等均保留外文原文。

特别致谢

本标准的译审由以下单位和人员完成。中交第二公路勘察设计研究院有限公司的曾文博承担了主译工作,中交路桥建设有限公司的吴筱文、中交第二公路勘察设计研究院有限公司的张春华、清华大学的冯鹏承担了主审工作。他(她)们分别为本标准的翻译工作付出了大量精力。在此谨向上述单位和人员表示感谢!

欧洲结构设计标准译审委员会

欧洲结构设计标准译审委员会总体组

组　　　长：余顺新（中交第二公路勘察设计研究院有限公司）

成　　　员：（按姓氏笔画排序）

王敬烨（中国铁建国际集团有限公司）

车　铁（大连理工大学）

卢树盛［长江岩土工程总公司（武汉）］

吕大刚（哈尔滨工业大学）

任青阳（重庆交通大学）

刘　宁（中交第一公路勘察设计研究院有限公司）

宋　婕（中国建筑标准设计研究院）

李　顺（天津水泥工业设计研究院有限公司）

李亚东（西南交通大学）

李志明（中冶建筑研究总院有限公司）

李雪峰［上海市城市建设设计研究总院（集团）有限公司］

张　寒（中国建筑科学研究院有限公司）

张春华（中交第二公路勘察设计研究院有限公司）

狄　谨（重庆大学）

胡大琳（长安大学）

姚海冬（中国路桥工程有限责任公司）

徐晓明（航天建筑设计研究院有限公司）

郭　伟（中国建筑标准设计研究院）

郭余庆（中国天辰工程有限公司）

黄　侨（东南大学）

谢亚宁（中设设计集团股份有限公司）

秘　　　书：李　喆（人民交通出版社股份有限公司）

卢俊丽（人民交通出版社股份有限公司）

国家附件

NA to BS EN 1992-1-2:2004

英国国家附件

Eurocode 2：混凝土结构设计

第1-2部分：一般规定——结构防火设计

ICS 13.220.50;91.010.30;91.080.40

British Standards

NA to BS EN 1992-1-2:2004

出版和版权信息

本国家附件中的英国标准化协会(BSI)版权信息标明本附件的最新发布时间。

ISBN 0 580 47245 0

与本英国国家附件工作有关的 BSI 参考文件如下:
委员会参考文件 B/525/2
征求意见稿 05/30134001

版次

2005 年 12 月 第 1 版

自发布以来提出的修订

修订编号	日期	受影响文本

目　　次

国家附件(资料性)　BS EN 1992-1-2:2004
Eurocode 2:混凝土结构设计
第1-2部分:一般规定——结构防火设计

引言

本国家附件由英国标准化协会BSI分委员会B/525/2编制。在英国需与BS EN 1992-1-2:2004配合使用。

NA.1　范围

本国家附件包括的内容如下:

a)英国确定的国家定义参数,列在BS EN1992-1-1:2004的下列条款中:

• 2.1.3 (2)	• 5.3.2 (2)
• 2.3 (2)P	• 5.6.1 (1)
• 3.2.3 (5)	• 5.7.3 (2)
• 3.2.4 (2)	• 6.1 (5)
• 3.3.3 (1)	• 6.2 (2)
• 4.1 (1)P	• 6.3 (1)
• 4.5.1 (2)	• 6.4.2.1 (3)
• 5.2 (3)	• 6.4.2.2 (2)

b)英国关于使用BS EN 1992-1:2004资料性附录的决定。

c)非矛盾性补充信息的参考文献。

NA.2 国家定义参数

英国确定的 BS EN 1992-1-1:2004 国家定义参数见表 NA.1。

NA.3 关于使用资料性附录的决定

BS EN 1992-1-2:2004 的资料性附录 A、B、C、D 和 E 可在英国使用。

NA.4 非矛盾性补充信息的参考文献

BS EN 1992-1-2:2004 的 5.3 中所述柱设计列表法仅适用于支撑结构。无支撑结构的说明在 PD 6687:2005 第 4 条中给出。

表 NA.1 英国确定的 BS EN 1992-1-2:2004 中描述的国家定义参数

条款	国家定义参数	欧洲标准推荐值	英国决定
2.1.3(2)	$\Delta\theta_1$ 和 $\Delta\theta_2$ 值	$\Delta\theta_2 = 240K$ $\Delta\theta_2 = 240K$	采用推荐值
2.3(2)P	分项系数 $\gamma_{M,fi}$	用于热学和力学特性的均为 1.0	采用推荐值
3.2.3(5)	高温下钢筋应力-应变关系的参数取值	N 级(表 3.2a) 或 X 级(表 3.2b)	N 级(表 3.2a)
3.2.4(2)	高温下冷加工(钢丝和钢索)预应力筋应力-应变关系的参数取值	表 3.3 中的 A 级或 B 级	A 级
3.3.3(1)	热导率 λ_c	3.3.3(2)中确定的限值	3.3.3(2)中确定的下限值
4.1(1)P	采用先进计算方法以满足 2.4.1(2)P	无	可采用验证有效的高级计算方法
4.5.1(2)	含水率 k%,低于该值不太可能发生剥落	3%	采用推荐值
5.2(3)	基准荷载水平 η_{fi}	0.7	采用推荐值
5.3.1(1)	无支撑结构的表列数据	无	无
5.3.2(2)	e_{max}值	0.15h(或 b)	采用推荐值
5.6.1(1)	腹板厚度	WA 级、WB 级或 WC 级	WA 级
5.7.3(2)	连续实心板支点处转动能力的附加规定	无	无
6.1(5)	高温下高强混凝土的强度折减	对于 C55/67 和 C60/75,取表 6.1N 中的 1 级; 对于 C70/85 和 C80/95,取表 6.1N 中的 2 级; 对于 C90/105,取表 6.1N 中的 3 级	应采用推荐等级。但当有充分的试验证明时,可采用替代值
6.2(2)	控制高强混凝土剥落的方法	方法 A ~ 方法 D	可采用方法 A ~ 方法 D 中任意一种或多种的组合
6.3(1)	高强混凝土的热导率	3.3.3(2)中确定的限值	3.3.3(2)中确定的上限值
6.4.2.1(3)	系数 k 值	对于表 6.1N 中的 1 级,取 1.1; 对于表 6.1N 中的 2 级,取 1.3	采用推荐值
6.4.2.2(2)	系数 k_m 值	表 6.2N 中给出的 k_m 值	采用推荐值

参 考 文 献

PD 6687:2005, *Background paper to the UK National Annexes to BS EN 1992-1-1 and BS EN 1992-1-2*.